Smn 179−6

Reich L.

Über den Anziehungsbereich eines Fixpunktes bei biholomorphen Abbildungen des $\mathbb{C}^n$

Von

Ludwig Reich

Aus den
Sitzungsberichten der Österreichischen Akademie der Wissenschaften
Mathem.-naturw. Klasse, Abteilung II, 179. Bd., 1. bis 3. Heft, 1970

Springer-Verlag Wien GmbH 1971

ISBN 978-3-662-22947-7   ISBN 978-3-662-24889-8 (eBook)
DOI 10.1007/978-3-662-24889-8

Über den Anziehungsbereich eines Fixpunktes bei biholomorphen Abbildungen des $\mathbb{C}^n$

Von

Ludwig Reich, Würzburg

(Vorgelegt am 30. Jänner 1970 durch das w. M. E. Hlawka)

§ 1. Einleitung

C. L. Siegel hat in [1] für analytische Differentialgleichungssysteme in Nähe einer Gleichgewichtslage eine Methode skizziert, die Menge der in hinreichend kleiner Umgebung der Gleichgewichtslage liegenden Anfangswerte mit der Eigenschaft zu beschreiben, daß die für $t = 0$ durch sie hindurchgehenden Lösungen für alle Zeiten ($t \geqslant 0$) in einer gewissen beschränkten Umgebung der Gleichgewichtslösung bleiben. Es zeigt sich, daß dies zugleich diejenigen Anfangswerte sind, derart, daß die durch sie festgelegten Lösungen für $t \to \infty$ gegen die Gleichgewichtslage streben.

Eine wichtige Voraussetzung zur Charakterisierung der Menge ist: Für alle Eigenwerte λ_i des Linearteils des Differentialsystems gilt Re $\lambda_i \neq 0$. Unter dieser Annahme ergibt sich diese Menge als lokale analytische Varietät der Dimension m, wenn für genau m Eigenwerte λ_i Re $\lambda_i < 0$ gilt.

Diese Untersuchung legt es nun nahe, eine ähnliche Frage für (lokal) biholomorphe Abbildungen F des $\mathbb{C}^n$ mit Fixpunkt (o. B. d. A. $x = 0$) zu behandeln, d. h. zu fragen, welche Punkte aus einer hinreichend kleinen Umgebung des Fixpunktes bei allen Iterierten F^ν, $\nu \geqslant 1$, in einer festen Umgebung des Fixpunktes bleiben.

Vorgelegt sei also eine (lokale) biholomorphe Abbildung F des $\mathbb{C}^n$ mit Fixpunkt $x = 0$:
$$x \to x^{(1)} = Ax + \mathfrak{P}(x), \tag{1}$$
wobei $x = {}^t(x_1, \ldots, x_n)$ eine Spalte des $\mathbb{C}^n$, A eine nichtsinguläre, konstante, komplexe (n, n)-Matrix und $\mathfrak{P}(x)$ ein Vektor ist, dessen Komponenten konvergente Potenzreihen in x sind, die mit mindestens quadratischen Ausdrücken anfangen, d. h. ord $\mathfrak{P}(x) \geq 2$. Wir nehmen (in Analogie zu Re $\lambda_i \neq 0$) an, daß für die Eigenwerte ρ_i von A gilt:
$$\begin{aligned} 0 < |\rho_i| < 1, & \quad i = 1, \ldots, m, \\ 1 < |\rho_i| & \quad , \ i = m+1, \ldots, n, \end{aligned} \tag{2}$$
d. h. durch geeignete Umnumerierung der Koordinaten o. B. d. A.
$$0 < |\rho_m| \leq |\rho_{m-1}| \leq \ldots \leq |\rho_1| < 1. \tag{3}$$
Dann gilt der

Satz 1: *Gegeben sei die biholomorphe Abbildung F mit Fixpunkt $x^0 = {}^t(0, \ldots, 0)$:*
$$x \to x^{(1)} = Ax + \mathfrak{P}(x), \tag{1}$$
und für die Eigenwerte ρ_i von A gelte
$$0 < |\rho_m| \leq |\rho_{m-1}| \leq \ldots \leq |\rho_1| < 1, \tag{3}$$
$$1 < |\rho_i|, \quad i = m+1, \ldots, n. \tag{2}$$
Dann gilt für eine hinreichend kleine Umgebung U des Fixpunktes, d. h. für die x mit $\max_{k=1,\ldots,n} |x_k| < \varepsilon$:

Es existiert in U eine lokal analytische Varietät V^m der Dimension m, so daß für alle und nur die $x \in V^m$ gilt: $\max_{k=1,\ldots,n} |(F^\nu x)_k| < \delta(\varepsilon)$, für alle $\nu = 1, 2, \ldots$, mit einem geeigneten $\delta(\varepsilon)$.

[*Dabei ist F^ν die ν-te Iterierte von F, $F(F^{\nu-1})(x) = F^\nu(x)$.*]

Für die $x \in V^m$ gilt dann sogar stärker: Die Folge $F^\nu x$, $\nu = 1, 2, \ldots$ konvergiert gegen den Fixpunkt.

Der Beweis dieses Satzes ergibt sich nach einer Idee von C. L. Siegel (vgl. [1]) aus der Lösung eines Normalformenproblems bezüglich der Abbildungen (1). Die Einzelheiten des Konvergenzbeweises für die

Transformation auf Normalform unterscheiden sich allerdings stark von den entsprechenden Punkten im analogen Problem für Differentialgleichungssysteme. Wir werden übrigens zeigen, daß das hier gelöste Normalformenproblem dasjenige aus [1] umfaßt.

Es mögen nun noch einige Hinweise auf verwandte Fragestellungen gegeben werden, ehe ich den Satz über das Normalformenproblem angebe.

Von E. Peschl wurde zuerst mittels eines Iterationsverfahrens folgendes Normalformenproblem behandelt:

Vorgelegt seien biholomorphe Abbildungen mit anziehendem Fixpunkt:

$$x \to x^{(1)} = A x + \mathfrak{P}(x), \tag{1}$$

d. h. wobei für die Eigenwerte ρ_i von A gelte:

$$0 < |\rho_i| < 1, \quad i = 1, \ldots, n.$$

Wir betrachten die Gruppe der biholomorphen Koordinatentransformationen

$$\begin{aligned} x &= By + \mathfrak{T}(y) \\ x^{(1)} &= By^{(1)} + \mathfrak{T}(y) \end{aligned} \tag{4}$$

mit $\det B \neq 0$, ord $\mathfrak{T}(y) \geq 2$, $\mathfrak{T}(y)$ in Umgebung von $y = 0$ konvergent. Da (1) bei solchen Transformationen seine Gestalt nicht ändert, so ist die Frage naheliegend: *Wie lautet die Klasseneinteilung der Abbildungen (1) gegenüber den Transformationen (4), wie lauten einfache Normalformen?*

Dieses Problem wurde zuerst vom Verfasser mittels der Methode von E. Peschl in seiner Habilitationsschrift ([2], [3]) gelöst, vgl. auch [4]. Es wird sich zeigen, daß dieses Normalformenproblem nun als Spezialfall in der vorliegenden Arbeit enthalten ist. Für das Normalformenproblem für analytische Differentialgleichungssysteme und seinen Zusammenhang mit dem für Abbildungen vgl. [5], [6] sowie für eine andere, einfachere Version der Majorantenmethode im Normalformenproblem von [1] vgl. [7]. Wir geben nun den Satz über die Normalformen an. Dazu bemerken wir, daß es höchstens endlich viele Relationen $\rho_k = \rho_1^{\alpha_1} \ldots \rho_m^{\alpha_m}$, $k = 1, \ldots, m$, $\alpha_i \in \mathbb{Z}$, $\sum_{i=1}^{m} \alpha_i \geq 2$, $\alpha_i \geq 0$, gibt, und daß jede solche Relation genauer die Gestalt $\rho_k = \rho_1^{\alpha_1} \ldots \rho_{k-1}^{\alpha_{k-1}}$, d. h. $\alpha_k = \ldots \alpha_m = 0$, hat. Wir nennen wie schon z. B. in [2] ein Monom $y^\alpha = y_1^{\alpha_1} \ldots y_m^{\alpha_m}$ Zusatzmonom zum Eigenwert ρ_k, falls $(\alpha_1, \ldots, \alpha_m)$ Exponentenvektor einer Relation $\rho_k = \rho_1^{\alpha_1} \ldots \rho_m^{\alpha_m}$, $\alpha_i \geqslant 0$, $\sum \alpha_i \geqslant 2$, ist. Dann gilt

Satz 2: *Es sei die biholomorphe Abbildung*

$$x \to x^{(1)} = Ax + \mathfrak{P}(x) \tag{1}$$

vorgelegt, und es gelte für die Eigenwerte ρ_i von A:

$$0 < |\rho_m| \leqslant |\rho_{m-1}| \leqslant \ldots \leqslant |\rho_1| < 1, \tag{3}$$

$$1 < |\rho_i|, \quad i = m+1, \ldots, n. \tag{2}$$

J sei die Jordansche Normalform von A. Dann existiert eine biholomorphe Koordinatentransformation T

$$\begin{aligned} x &= By + \mathfrak{T}(y_1, \ldots, y_m) \\ x^{(1)} &= By^{(1)} + \mathfrak{T}(y_1, \ldots, y_m), \quad \text{ord } \mathfrak{T} \geqslant 2, \end{aligned} \tag{4}$$

(— wobei also $\mathfrak{T}$ nur von $y_1, \ldots, y_m$, nicht von $y_{m+1}, \ldots, y_n$ abhängt —) von (1) auf die Gestalt

$$y \to y^{(1)} = Jy + P(y) + \mathfrak{Q}(y), \tag{5}$$

wobei:

(i) $P(y)$ ein Polynomvektor ist mit $P_k(y) \equiv 0$ für $k = m+1, \ldots, n$, während $P_k(y)$ für $k = 1, \ldots, m$ eine Linearkombination von Zusatzmonomen zum Eigenwert ρ_k ist;

(ii) $\mathfrak{Q}(y)$ ein Potenzreihenvektor ist mit ord $\mathfrak{Q}(y) \geqslant 2$ und $\mathfrak{Q}(y_1, \ldots, y_m, 0, \ldots 0) = 0$.

Es ist sogar jede formal biholomorphe Koordinatentransformation von (1) auf die Gestalt (5) konvergent.

Die Darstellung ist nun folgendermaßen angeordnet: In § 2 wird Satz 1 auf Satz 2 zurückgeführt, es werden gewisse Hilfssätze zur Transformation auf Normalform angegeben, und es wird schließlich gezeigt, daß das Normalformenproblem für biholomorphe Abbildungen mit anziehendem Fixpunkt in unserem Problem enthalten ist. In § 3 wird der Beweis des Satzes 2 geführt, und zwar um die Durchsichtigkeit zu erhöhen, in 3 Schritten. In § 4 wird skizziert, wie sich das Normalformenproblem von [1], bzw. [7] auf unseres zurückführen läßt.

§ 2. Der Beweis von Satz 1. Vorbereitungen zum Konvergenzbeweis

Wir nehmen an, Satz 2 sei schon bewiesen. (In seinem Beweis spielt Satz 1 keine Rolle.) Wir betrachten die Abbildung F in ihrer Normalform (5) und nehmen ihre Einschränkung auf den linearen Raum $\mathbb{C}^m$ mit den Gleichungen $y_{m+1} = y_{m+2} = \ldots = y_n = 0$. Dann ist $F \mid \mathbb{C}^m$ eine biholomorphe Abbildung mit anziehendem Fixpunkt ($0 < |\varrho_i| < 1$, $i = 1, \ldots, m$), u. zw. sogar in ihrer Normalform (vgl. [2], [3]). Also existiert für alle $y \in \mathbb{C}^m$ mit $\max_{k=1,\ldots,m} |y_k| < \varepsilon$ mit hinreichend kleinem $\varepsilon > 0$ eine Abschätzung

$$\max_{k=1,\ldots,n} |(F^\nu y)_k| < \vartheta^{\nu+1}, \quad \begin{array}{l} \nu = 0, 1, \ldots, \\ 0 < \vartheta < \varepsilon \, (< 1). \end{array} \tag{6}$$

Gehen wir nun durch das Inverse der Koordinatentransformation T aus Satz 2 zum Koordinatensystem der x zurück, so ergibt sich das Urbild der $y \in \mathbb{C}^m$, $\max_{k=1,\ldots,m} |y_k| < \varepsilon$, als lokale analytische Varietät m der Dimension m, mit den Gleichungen

$$\sum_l b^*_{kl} x_l + S_k(x_1, \ldots, x_n) = 0, \quad k = m+1, \ldots, n,$$

wobei

$$y_k = \sum b^*_{kl} x_l + S_k(x_1, \ldots, x_n), \quad k = 1, \ldots, n,$$

die Umkehrung von (4) bezeichne. V^m wird auch durch die Parameterdarstellung:

$$x = [By + \mathfrak{T}(y_1, \ldots, y_m)] \mid y_{m+1} = \ldots = y_n = 0$$

gegeben. Für die $x \in V^m$ gilt also wieder eine Abschätzung der Art (6), insbesondere

$$\lim_{\nu \to \infty} F^\nu x = 0.$$

Um nun den Satz vollständig zu beweisen, müssen wir noch zeigen: Wie klein wir auch $\varepsilon > 0$ wählen, falls $x \notin V^m$, $\max_{k=1,\ldots,n} |x_k| < \varepsilon$, so gilt nicht

$$\max_{k=1,\ldots,n} |(F^\nu x)_k| < \varepsilon \text{ für alle hinreichend großen } \nu \, [\nu \geq \nu_0(\varepsilon)]. \tag{7}$$

Wir führen den Beweis indirekt, d. h. wir nehmen an, für alle hinreichend großen ν, $\nu \geq \nu_0(\varepsilon)$ gelte

$$\max |(F^\nu x)_k| < \varepsilon,$$

und leiten einen Widerspruch ab. Dazu bemerken wir zunächst, daß wir diese Annahme auch so fassen dürfen:

$$\max |(F^\nu x)_k| < \varepsilon \quad \text{für alle} \quad \nu = 0, 1 \ldots,$$

mit $x \in C V^m$, d. h., daß wir $x^{(\nu_0)}$ durch $x^{(0)}$ ersetzen dürfen. Dazu genügt es wieder, sich klarzumachen, daß $x^{(\nu_0)} \in C V^m$. Im Koordinatensystem der y ist der lineare Raum $y_{m+1} = \ldots = y_n = 0$ invariant bei F (und F^{-1}), also auch V^m bei F. Nun sind $F^{-1} x^{(\nu_0)}, \ldots, F^{-\nu_0} x^{(\nu_0)}$, nach Annahme alle definiert, also folgte $F^{-\nu_0} x^{(\nu_0)} = x^{(0)} \in V^m$. Widerspruch.

Wir betrachten dazu wieder die Normalform (5). Mit $y^{(\nu)}$ bezeichnen wir $F^\nu y$. Es gilt dann

$$y_k^{(\nu+1)} = \varepsilon_k y_{k-1}^{(\nu)} + \rho_k y_k^{(\nu)} + \mathfrak{Q}_k(y^{(\nu)}), \tag{8}$$

$|\rho_k| > 1$, $\mathfrak{Q}_k(y_1, \ldots, y_m, 0, \ldots, 0) \equiv 0$, für $k = m+1, \ldots, n$.

Durch eine geeignete lineare Transformation kann man die $\varepsilon_k \neq 0$ (falls also k nicht die erste Zeile eines Kästchens der Jordanschen Normalform bezeichnet) beliebig $\neq 0$ bestimmen, wobei an der Gestalt der Normalform nichts geändert wird. Wir werden sie zunächst als positive Zahlen, später als hinreichend klein annehmen. Weiterhin schätzen wir nach einer Idee von C. L. Siegel den Ausdruck

$$v(\nu) = \sum_{k=m+1}^{n} y_k^{(\nu)} \overline{y_k^{(\nu)}} \tag{9}$$

nach unten ab. Es gilt

$$v(\nu+1) = \sum_{k=m+1}^{n} \rho_k \bar{\rho}_k y_k^{(\nu)} \overline{y_k^{(\nu)}} + \sum_{k=m+1}^{n} \varepsilon_k^2 y_{k-1}^{(\nu)} \overline{y_{k-1}^{(\nu)}} + \sum_{k=m+1}^{n} \mathfrak{Q}_k(y^{(\nu)}) \overline{\mathfrak{Q}_k(y^{(\nu)})} +$$

$$+ \sum_{k=m+1}^{n} \{\varepsilon_k \bar{\rho}_k y_{k-1}^{(\nu)} \overline{y_k^{(\nu)}} + \varepsilon_k \rho_k \overline{y_{k-1}^{(\nu)}} y_k^{(\nu)}\} +$$

$$+ \sum_{k=m+1}^{n} \{(\varepsilon_k y_{k-1}^{(\nu)} + \rho_k y_k^{(\nu)}) \overline{\mathfrak{Q}_k(y^{(\nu)})} + (\varepsilon_k \overline{y_{k-1}^{(\nu)}} + \bar{\rho}_k \overline{y_k^{(\nu)}}) \mathfrak{Q}_k(y^{(\nu)})\}.$$

Die ersten drei Summen sind nicht negativ. Wir schätzen sie nach unten ab. Es sei $\min_{k=m+1,\ldots,n} \rho_k \bar{\rho}_k = \lambda$, also $\lambda > 1$. Dann gilt für die Summe Σ_1 der ersten drei Summen

$$\Sigma_1 \geq \lambda \sum_{k=m+1}^{n} y_k^{(\nu)} \overline{y_k^{(\nu)}} = \lambda v(\nu).$$

Es ist außerdem $|y_k^{(\nu)}| \leq \sqrt{v(\nu)}$, $k = m+1, \ldots, n$, also

$$|y_j^{(\nu)} y_k^{(\nu)}| \leq v(\nu), \quad \text{für alle } j, k = m+1, \ldots, n.$$

Für den Betrag Σ_2 der vierten Summe folgt

$$\Sigma_2 \leq \left(\sum_{k=m+1}^{n} |\varepsilon_k \bar{\rho}_k + \bar{\varepsilon}_k \rho_k| \right) v(\nu) \leq 2 \left(\sum_{k=m+1}^{n} \varepsilon_k |\rho_k| \right) v(\nu).$$

Ich bestimme nun durch eine geeignete lineare Koordinatentransformation die ε_k so klein, daß für $\lambda_1 = 2 \sum_{k=m+1}^{n} \varepsilon_k |\rho_k|$ gilt: $\lambda - \lambda_1 > 1$.
An der Abschätzung für Σ_1 wird dadurch nichts geändert. Nun zum Betrag Σ_3 der fünften Summe.

Aus $\mathfrak{Q}_k(y_1, \ldots, y_m, 0, \ldots, 0) = $ für $k = m+1, \ldots, n$ folgt, daß jeder homogene Bestandteil eines $\mathfrak{Q}_k$ durch ein y_i, $i > m$, teilbar ist. Da $\operatorname{ord} \mathfrak{Q}_k \geq 2$, so gilt, wenn wir uns nur auf hinreichend kleines ε in (7) beschränken, für alle:

$$|\mathfrak{Q}_k(y^{(\nu)})| \leq \lambda_2'(\varepsilon) \sqrt{v(\nu)},$$

wobei $\lambda_2'(\varepsilon)$ beliebig klein gemacht werden kann. Also folgt für Σ_3

$$\Sigma_3 \leq \lambda_2(\varepsilon) v(\nu),$$

wobei λ_2 so klein gemacht werden kann, daß auch noch $\mu = \lambda - \lambda_1 - \lambda_2 > 1$. Wir erhalten dann aber nach einer einfachen Anwendung der Dreiecksungleichung.

$$v(\nu+1) \geq \mu v(\nu), \quad \text{mit } \mu > 1, \quad \text{für alle } \nu = 1, 2 \ldots \quad (10)$$

Ist nun $y^{(0)} \in C V^m$, so folgt $v(0) > 0$, also wegen

$$v(\nu+1) \geq \mu^\nu v(0):$$

$$\lim_{\nu \to \infty} v(\nu) = \infty, \quad (11)$$

im Widerspruch zu (7). Damit ist Satz 2 auf Satz 1 zurückgeführt. Bei der Transformation auf Normalform sind die Relationen

$$\rho_k = \rho_1^{\alpha_1} \ldots \rho_m^{\alpha_m}, \ k = 1, \ldots, n, \ \alpha_i \geq 0, \ \text{ganz}, \ \sum_{i=1}^{m} \alpha_i \geq 2, \quad (12)$$

wichtig. Wie z. B. in [2], [3] zeigt man

Hilfssatz 1: *Unter der Voraussetzung* (2) *gilt:*
(i) *Es gibt keine Relation*

$$\rho_k = \rho_1^{\alpha_1} \ldots \rho_m^{\alpha_m}, \ \alpha_i \geq 0, \ \text{ganz}, \ \sum \alpha_i \geq 2,$$

falls $k > m$.

(ii) *Es gibt höchstens endlich viele Relationen*

$$\rho_k = \rho_1^{\alpha_1} \ldots \rho_m^{\alpha_m}, \ k = 1, \ldots, m. \quad (12)$$

(iii) *Eine Relation* (12) *hat unter der Voraussetzung* (3) *die Gestalt*

$$\rho_k = \rho_1^{\alpha_1}, \ldots, \rho_{k-1}^{\alpha_{k-1}}; \ k = 1, \ldots, m, \quad (13)$$

d. h. es ist $\alpha_k = \alpha_{k+1} = \ldots = \alpha_m = 0$.
Ebenso leicht zeigt man:

Hilfssatz 2: *Abgesehen von den endlich vielen Vektoren* $\alpha = (\alpha_1, \ldots, \alpha_n)$, $\alpha_i \geq 0$, $\sum \alpha_i \geq 2$, *welche Exponentenvektoren einer Relation* (12) *sind, existiert für alle* $\alpha = (\alpha_1, \ldots, \alpha_n)$ *ein (von* α *unabhängiges)* $\sigma > 0$, *so daß*

$$|\rho_k - \rho_1^{\alpha_1} \ldots \rho_n^{\alpha_n}| > \sigma, \ k = 1, \ldots, n. \quad (14)$$

Wir weisen nun zum Abschluß dieses Paragraphen darauf hin, daß das Normalformenproblem für biholomorphe Abbildungen im Satz 2 enthalten ist. In diesem Fall gilt nämlich

$$0 < |\rho_i| < 1 \ \text{für alle} \ i = 1, \ldots, n,$$

es ist also $m = n$ zu setzen, und daher $\mathfrak{Q}_k \equiv 0$ für alle k. Der Satz besagt dann, daß man (1) auf die Gestalt

$$y \to y^{(1)} = Jy + P(y)$$

transformieren kann, wobei $P(y)$ ein Polynomvektor ist, dessen Komponenten aus den entsprechenden Zusatzmonomen linear kombiniert werden. Außerdem ist jede formale Transformation auf Normalform auch konvergent. (Dies wurde in [3] mittels einer anderen Methode gezeigt.)

§ 3. Der Konvergenzbeweis

A. Wir behandeln zunächst den einfachsten Fall: Es besteht keine Relation (12) und die Jordansche Normalform J von A ist eine Hauptdiagonalmatrix $J = \text{diag}(\rho_1, \ldots, \rho_n)$. Dieser Fall ist schon von Poincaré behandelt worden. Wir führen ihn aber aus, um die späteren Schwierigkeiten klarer zeigen zu können. Wir können annehmen, daß (1) nach einer geeigneten linearen Koordinatentransformation lautet

$$x \to x^{(1)} = Jx + \mathfrak{P}(x).$$

Der Ansatz (4) für die Transformation T mit $\mathfrak{T}(y) = \mathfrak{T}(y_1, \ldots, y_m)$ und für die Normalform

$$y \to y^{(1)} = Jy + \mathfrak{Q}(y)$$

mit $\mathfrak{Q}(y_1, \ldots, y_m, 0, \ldots, 0) \equiv 0$ (— Zusatzmonome sollen hier ja keine angesetzt werden —) für die $\mathfrak{T}_k(y)$ ergibt: Einerseits ist

$$x_k^{(1)} = \rho_k x_k + \mathfrak{P}_k(x) = \rho_k[y_k + \mathfrak{T}_k(y_1, \ldots, y_m)] +$$
$$+ \mathfrak{P}_k(y_1 + \mathfrak{T}_1(y_1, \ldots, y_m), \ldots, y_n + \mathfrak{T}_n(y_1, \ldots y_m)),$$

andrerseits

$$x_k^{(1)} = y_k^{(1)} + \mathfrak{T}_k(y_1^{(1)}, \ldots, y_m^{(1)}) = \rho_k y_k + \mathfrak{Q}_k(y_1, \ldots, y_m, \ldots, y_n) +$$
$$+ \mathfrak{T}_k(\rho_1 y_1^{(1)} + \mathfrak{Q}_1(y), \ldots, \rho_m y_m + \mathfrak{Q}_m(y)), \quad k = 1, \ldots, n.$$

Daraus durch Gleichsetzen:

$$\rho_k \mathfrak{T}_k(y_1, \ldots, y_m) + \mathfrak{P}_k(y_1 + \mathfrak{T}_1(y_1, \ldots, y_m), \ldots, y_n +$$
$$+ \mathfrak{T}_n(y_1, \ldots, y_m)) = \mathfrak{Q}_k(y_1, \ldots, y_m, y_{m+1}, \ldots, y_n) +$$
$$+ \mathfrak{T}_k(\rho_1 y_1 + \mathfrak{Q}_1(y_1, \ldots, y_m), \ldots, \rho_m y_m + \mathfrak{Q}_m(y_1, \ldots, y_m)),$$
$$k = 1, \ldots, n.$$

Setzen wir hierin $y_{m+1} = 0, \ldots, y_n = 0$, so folgt aus der Forderung für $\mathfrak{Q}_k(y)$:

$$\rho_k \mathfrak{T}_k(y_1,\ldots,y_m) + \mathfrak{P}_k(y_1 + \mathfrak{T}_1(y_1,\ldots,y_m),\ldots,y_m + \mathfrak{T}_m(y_1,\ldots,y_m),$$
$$\mathfrak{T}_{m+1}(y_1,\ldots,y_m),\ldots,\mathfrak{T}_n(y_1,\ldots,y_m)) = \mathfrak{T}_k(\rho_1 y_1,\ldots,\rho_m y_m), \quad (15)$$
$$k = 1,\ldots,n.$$

Aus diesem Funktionalgleichungssystem für die $\mathfrak{T}_k$ erhalten wir ein rekursives lineares Gleichungssystem für die Koeffizienten

$$t^{(k)}_{\nu_1,\ldots,\nu_n} = t^{(k)}_\nu$$

von

$$\mathfrak{T}_k(y_1,\ldots,y_m) = \sum_{|\nu| \geq 2} t^{(k)}_{\nu_1,\ldots,\nu_n} y_1^{\nu_1}\ldots y_m^{\nu_m} = \sum_{|\nu| \geq 2} t^{(k)}_\nu y^\nu$$

(wenn zur Abkürzung $y^\nu = y_1^{\nu_1}\ldots y_m^{\nu_m}$ gesetzt wird), u. zw. in der Gestalt:

$$(\rho_k - \rho_1^{\nu_1}\ldots \rho_m^{\nu_m}) t^{(k)}_\nu = f^{(k)}_\nu (t^{(l)}_\mu, -p^{(j)}), \quad (16)$$

wobei die $f^{(k)}_\nu$ ein Polynom mit positiven Koeffizienten in gewissen negativen Koeffizienten $-p^{(j)}$ der $\mathfrak{P}_j$, und einigen Koeffizienten $t_\mu^{(l)}$, $|\mu| < |\nu|$, sind. Somit lautet, wenn wir Hilfssatz 2, (14), heranziehen, ein zu (15) majorantes Problem:

$$\sigma \mathfrak{T}^*_k(y_1,\ldots,y_m) = \mathfrak{P}^*_k(y_1 + \mathfrak{T}^*_1(y_1,\ldots,y_m),\ldots,\mathfrak{T}^*_n(y_1,\ldots,y_m)), (17)$$

wobei $\mathfrak{P}^*_k$ eine konvergente Majorante von $\mathfrak{P}_k$ mit ord $\mathfrak{P}^*_k \geq 2$ bedeutet, abgekürzt $\mathfrak{P}_k \{ \mathfrak{P}^*_k$.

Es folgt: $\mathfrak{T}_k \{ \mathfrak{T}^*_k$. Die $\mathfrak{T}^*_k$ sind aber nach dem Hauptsatz über implizite Funktionen konvergent. Damit sind auch die $\mathfrak{T}_k$ und die $\mathfrak{Q}_k$ konvergent, die seit (15) überhaupt nicht mehr explizit aufgetreten sind.

B. Wir wenden uns nun dem schon viel schwierigeren Fall zu, daß in der Jordanschen Normalform J beliebig viele Kästchen einer beliebigen Länge auftreten können, während Relationen (12) noch ausgeschlossen sind. Wir nehmen an, die Jordansche Normalform J zerfalle in Kästchen

der Gestalt $\begin{pmatrix} \rho_i & 0 & 0 & \ldots \\ 1 & \rho_i & 0 & \ldots \\ 0 & 1 & \rho_i & \ldots \end{pmatrix}$, der Länge $r_i, i = 1,\ldots, \mu$, also $r_1 + \ldots + r_\mu = n$.

Die Eigenwerte in verschiedenen Kästchen werden verschieden indiziert,

$\rho_j = \rho_k$, für $j \neq k$, ist natürlich zugelassen. Es sei ferner

$$0 < |\rho_i| < 1 \quad \text{für} \quad i = 1, \ldots, \varkappa,$$

mit $r_1 + \ldots + r_\varkappa = m$,

$$1 < |\rho_i| \quad \text{für} \quad i = \varkappa + 1, \ldots, \mu.$$

Der Ansatz, den wir schon unter A. machten, führt, indem wir hier wieder

$$x_k^{(1)} = \varepsilon_k x_{k-1} + \rho_{j_k} x_k + \mathfrak{P}_k(x)$$

auf zwei Arten durch die y ausdrücken,

$y_{m+1} = \ldots = y_n = 0$ setzen und $\mathfrak{Q}(y_1, \ldots, y_m, 0, \ldots, 0) = 0$

berücksichtigen, auf folgendes Funktionalgleichungssystem für die $\mathfrak{T}_k(y_1, \ldots, y_m)$:

$$\varepsilon_k \mathfrak{T}_{k-1}(y_1, \ldots, y_m) + \rho_k \mathfrak{T}_k(y_1, \ldots, y_m) +$$
$$+ \mathfrak{P}_k(y_1 + \mathfrak{T}_1(y_1, \ldots, y_m), \ldots, \mathfrak{T}_{m+1}(y), \ldots, \mathfrak{T}_n(y)) = \quad (18)$$
$$= \mathfrak{T}_k(\rho_1 y_1, \varepsilon_2 y_1 + \rho_1 y_2, \ldots, \varepsilon_m y_{m-1} + \rho_\varkappa y_m).$$

Dabei ist $\varepsilon_k = 0$ jeweils für die erste Zeile eines Kästchens, für die übrigen Zeilen wird in den meisten Darstellungen der Linearen Algebra $\varepsilon_k = 1$ gesetzt, es ist uns für spätere Zwecke jedoch wichtig zu wissen, daß wir diesem ε_k durch eine lineare Koordinatentransformation jeden Wert $\neq 0$ erteilen können, und daß durch diese Transformation außerdem die Gestalt der Normalform nicht geändert wird. Aus (18) lassen sich nun die Koeffizienten $t_\nu^{(k)}$ der $\mathfrak{T}_k$ wieder eindeutig bestimmen, jedoch hat das rekursive Gleichungssystem eine wesentlich schwierigere Bauart. Sind nämlich alle $t_\mu^{(l)}$, $l = 1, \ldots, n$, $|\mu| < |\nu|$, schon bekannt, so ergibt sich $t_\nu^{(k)}$ nicht aus einer einzigen Gleichung, sondern gewisse $t_\nu^{(k)}$ mit gleichem $|\nu|$ sind in einem Gleichungssystem zusammengefaßt (vgl. [2], [3]). Dort wurde gezeigt, daß es genau die folgenden sind: Es seien $n_1, \ldots, n_\varkappa$ feste, aber beliebige nicht-negative ganze Zahlen mit $\sum_{i=1}^{\varkappa} n_i \geqslant 2$. Wir bilden die Menge aller Vektoren $\alpha = (\alpha_1, \ldots, \alpha_{r_1};$

$$\alpha_{r_1}+1, \ldots, \alpha_{r_1+r_2}; \ldots; \alpha_{r_1+\cdots+r_{\varkappa-1}+1}, \ldots, \alpha_m), \ \alpha_t \geqslant 0, \text{ ganz, mit}$$

$$n_1 = \alpha_1 + \ldots + \alpha_{r_1}$$
$$n_2 = \alpha_{r_1+1} + \ldots + \alpha_{r_1+r_2}$$
$$\cdot$$
$$\cdot \quad \quad (19)$$
$$\cdot$$
$$n_\varkappa = \alpha_{r_1+\cdots+r_{\varkappa-1}+1} + \ldots + \alpha_m.$$

Dann sind die $t_\alpha{}^{(k)}$, deren α (19) erfüllt in einem Gleichungssystem zusammengefaßt. Unter diesen α führen wir die lexikographische Ordnung ein, so daß wir von einem ersten, zweiten usw. Index (bzw. Exponentenvektor) sprechen können. In dieser Ordnung mögen die $t_\alpha{}^{(k)}$, die (19) erfüllen, als $t_1{}^{(k)}, \ldots, t_N{}^{(k)}$ bezeichnet werden. Dann erhalten wir wie in [2] als Gleichungssystem ($-\rho_{j_k}$ der Eigenwert der k-ten Zeile —):

$$(\rho_{j_k} - \rho_1^{n_1} \ldots \rho_\varkappa^{n_\varkappa}) t_1^{(k)} - C_2^{(1)} t_2^{(k)} - C_3^{(1)} t_3^{(k)} \ldots =$$
$$= -\varepsilon_k t_1^{(k-1)} + f_1^{(k)}(t_\mu^{(l)}, -p^{(j)})$$
$$(\rho_{j_k} - \rho_1^{n_1} \ldots \rho_\varkappa^{n_\varkappa}) t_2^{(k)} - C_3^{(2)} t_3^{(k)} - \ldots =$$
$$= -\varepsilon_k t_2^{(k-1)} + f_2^{(k)}(t_\mu^{(l)}, -p^{(j)}) \quad (20)$$
$$\cdot \quad \cdot$$
$$(\rho_{j_k} - \rho_1^{n_1} \ldots \rho_\varkappa^{n_\varkappa}) t_N^{(k)} =$$
$$= -\varepsilon_k t_N^{(k-1)} + f_N^{(k)}(t_\mu^{(l)}, -p^{(j)}).$$

Dabei sind die $C_l^{(m)}$ Monome mit positiven Koeffizienten in $\varepsilon_1, \ldots, \varepsilon_m$; $\rho_1, \ldots, \rho_\alpha$; die $f_j^{(k)}(t_\mu^{(l)}, -p^{(r)})$ sind Polynome mit positiven Koeffizienten in den $t_\mu^{(l)}$, $|\mu| < |\nu|$, und in den negativen Koeffizienten der $\mathfrak{P}_k$. Alle Systeme (20) sind eindeutig auflösbar, wenn die rechten Seiten bekannt sind, da nach Voraussetzung $\rho_k - \rho_1^{n_1} \ldots \rho_\varkappa^{n_\varkappa} \neq 0$. Sind nun alle $t_\mu^{(l)}$ mit $|\mu| < |\nu|$ bekannt, so gehen wir so vor: Wir bestimmen zuerst die $t_j^{(k)}$, wobei k die erste Zeile eines Kästchens von J indiziert, aus dem zugehörigen System (20); dabei ist ja $\varepsilon_k = 0$; sodann die $t_j^{(k+1)}$, usw.

Wir gehen nun sukzessive zu majoranten Problemen über. Wir führen die Abkürzung

$$\eta^{(k)}_{\alpha_1, \ldots, \alpha_m} = \sigma + |\rho_1|^{n_1} \ldots |\rho_\varkappa|^{n_\varkappa} \quad (21)$$

ein, und beachten, daß gemäß Hilfssatz 2
$$|\rho_k - \rho_1^{n_1} \ldots \rho_\varkappa^{n_\varkappa}| \geq \sigma > 0$$
gilt, wobei die α_j und n_i gemäß (19) verbunden sind.

Die $\varepsilon_k \neq 0$ in der Jordanschen Normalform schränken wir nun ein auf:
$$\varepsilon_k > 0.$$

$\mathfrak{P}_k^*$ sei eine konvergente Majorante von $\mathfrak{P}_k$ mit ord $\mathfrak{P}_k^* \geq 2$. Dann ist folgendes ein zu (18) majorantes Problem: Bestimme die Potenzreihe
$$\mathfrak{S}_k(y_1, \ldots, y_m) = \sum_{|\nu| \geq 2} s_\nu^{(k)} y^\nu \tag{22}$$
aus dem Funktionalgleichungssystem
$$\sum_{|\alpha| \geq 2} \eta_\alpha^{(k)} s_\alpha^{(k)} y^\alpha = \varepsilon_k \mathfrak{S}_{k-1}(y) + \mathfrak{P}_k^*(y_1 + \mathfrak{S}_1(y), \ldots, \mathfrak{S}_n(y)) + \\ + \mathfrak{S}_k(|\rho_1| y_1, \varepsilon_2 y_1 + |\rho_1| y_2, \ldots, \varepsilon_{m-1} y_{m-1} + |\rho_\varkappa| y_m), \quad k = 1, \ldots, n, \tag{23}$$
denn es führt zu den zu (20) analogen Systemen
$$\sigma s_1^{(k)} - |C_2^{(1)}| s_2^{(k)} - |C_3^{(1)}| s_3^{(k)} - \ldots = \varepsilon_k s_1^{(k-1)} + f_1^{(k)}(s_\mu^{(l)}, -p^{*(j)})$$
$$\sigma s_2^{(k)} - |C_3^{(2)}| s_3^{(k)} - \ldots = \varepsilon_k s_2^{(k-1)} + f_2^{(k)}(s_\mu^{(l)}, -p^{*(j)})$$
$$\ddots \qquad \vdots$$
$$\sigma s_N^{(k)} = \varepsilon_k s_N^{(k-1)} + f_N^{(k)}(s_\mu^{(l)}, -p^{*(j)}).$$

Also kann man in bekannter Weise durch vollständige Induktion zeigen:
$$\mathfrak{T}_k(y_1, \ldots, y_m) \langle \mathfrak{S}_k(y_1, \ldots, y_m). \tag{24}$$

Um nun die Konvergenz von $\mathfrak{S}_k$ zu zeigen, nehmen wir gewisse homomorphe Abbildungen von $\mathbb{C}[y_1, \ldots, y_m]$ vor. Dazu noch einige weitere Vorbereitungen. Wir wählen die ε_k so, daß
$$0 < |\rho_{j_k}| + \varepsilon_k < 1.$$
Für fast alle Vektoren α ist
$$\tau_\alpha := (|\rho_1| + \varepsilon_1)^{\alpha_1}(|\rho_1| + \varepsilon_2)^{\alpha_2} \ldots (|\rho_\varkappa| + \varepsilon_m)^{\alpha_m} < \frac{\sigma}{2}.$$

Das bleibt richtig, wenn wir zu noch kleineren ε_j übergehen. Für die übrigen α wähle ich die ε_k so klein, daß

$$\tau_\alpha - |\rho_1|^{n_1} \ldots |\rho_\varkappa|^{n_\varkappa} < \frac{\sigma}{2}.$$

Dann folgt für fast alle α:

$$\eta_\alpha^{(k)} - \tau_\alpha = \eta_\alpha^{(k)} - |\rho_1|^{n_1} \ldots |\rho|\varkappa^{n_\varkappa} + |\rho_1|^{n_1} \ldots |\rho_\varkappa|^{n_\varkappa} - \tau_\alpha \geq$$

$$\geq \sigma - \frac{\sigma}{2} + |\rho_1|^{n_1} \ldots |\rho_\varkappa|^{n_\varkappa} \geq \frac{\sigma}{2};$$

für die restlichen (endlich vielen):

$$\eta_\alpha^{(k)} - \tau_\alpha = \eta_\alpha^{(k)} - |\rho_1|^{n_1} \ldots |\rho_\varkappa|^{n_\varkappa} + |\rho_1|^{n_1} \ldots |\rho_\varkappa|^{n_\varkappa} - \tau_\alpha \geq$$

$$\geq \sigma - \frac{\sigma}{2} = \frac{\sigma}{2},$$

also für alle α mit $|\alpha| \geq 2$:

$$\sigma \geq \eta_\alpha^{(k)} - \tau_\alpha \geq \frac{\sigma}{2}, \quad \text{für alle } \alpha; \ k = 1, \ldots, m. \tag{25}$$

Es sei h der Homomorphismus von $\mathbb{C}[y_1, \ldots, y_m]$ auf den Unterring $\mathbb{C}[y_1, y_{r_1+1}, \ldots, y_{r_1+\cdots r_{\varkappa-1}+1}]$, der erzeugt wird durch:

$$y_k \xrightarrow{h} y_l,$$

wobei l die erste Zeile des Kästchens bezeichnet, zu dem die k-te Zeile gehört. Aus (23) folgt dann durch Anwendung von h:

$$\sum_{|\alpha| \geq 2} \eta_\alpha^{(k)} s_\alpha^{(k)} h(y^\alpha) = \varepsilon_k h[\mathfrak{S}_{k-1}(y)] + \mathfrak{P}_k^*(y_1 + h(\mathfrak{S}_1(y)), \ldots, h(\mathfrak{S}_n(y)) +$$

$$+ \sum_{|\alpha| \geq 2} \tau_\alpha s_\alpha^{(k)} h(y^\alpha), \quad k = 1, \ldots, n. \tag{26}$$

Dies ist ein Funktionalgleichungssystem für die $h(\mathfrak{S}_k(y))$, die daraus eindeutig zu bestimmen sind. Wegen (25) ist also folgendes ein zu (26) majorantes Problem (d. h. $\theta_k(y) \nmid h(\mathfrak{S}_k(y))$):

$$\frac{\sigma}{2} \theta_k(y) = \varepsilon_k \theta_{k-1}(y) + \mathfrak{P}_k^*(y_1 + \theta_1(y), \ldots, \theta_n(y)), \ k = 1, \ldots, n. \tag{27}$$

Schließlich wenden wir noch den Homomorphismus g an, der die Unbestimmten $y_1, y_{r_1+1}, \ldots$ alle auf eine, etwa y_1, abbildet. Wir erhalten aus (27), falls $g\,[\theta_k(y)] = \Omega_k(y)$ gesetzt wird:

$$\frac{\sigma}{2}\Omega_k(y_1) = \varepsilon_k \Omega_{k-1}(y_1) + \mathfrak{P}_k^*(y_1 + \Omega_1(y_1), \ldots, \Omega_n(y_1)),$$
$$k = 1, \ldots, n. \tag{28}$$

Dann ergeben sich aus dem Satz für die impliziten Funktionen, daß die $\Omega_k(y_1)$ konvergieren, etwa für ein y_1^0 mit $y_1^0 > 0$. Nun gilt aber

$$g \circ h(\mathfrak{S}_k(y)) = \mathfrak{S}_k((g \circ h)y)) = \Omega_k(y_1),$$

somit ist $\mathfrak{S}_k(y)$ konvergent für $|y_j| < y_1^0$, w. z. z. w.

C. Es bleibt nun noch der allgemeinste und schwierigste Fall, daß sowohl in J Kästchen beliebiger Länge, als auch Relationen $\rho_k = \rho^{\alpha_1} \ldots \rho^{\alpha_m}$ auftreten dürfen. Wir werden uns insoweit kürzer fassen, als wir nun angeben, wie die Betrachtungen unter C. zu modifizieren, bzw. zu erweitern sind.

An der Stelle von (21) tritt:

$$\varepsilon_k \mathfrak{T}_{k-1}(y_1, \ldots, y_m) + \rho_{j_k} \mathfrak{T}_k(y_1, \ldots, y_m) + \mathfrak{P}_k(y_1 + \mathfrak{T}_1(y), \ldots, y_m +$$
$$+ \mathfrak{T}_m(y), \mathfrak{T}_{m+1}(y), \ldots, \mathfrak{T}_n(y)) = \mathfrak{T}_k(\rho_1 y_1, \varepsilon_2 y_1 + \rho_1 y_2, \ldots; \rho_2 y_{r_1+1} +$$
$$+ P_{r_1+1}(y_1), \ldots, \varepsilon_m y_{m-1} + \rho_\varkappa y_m + P_m(y)) +$$
$$+ P_k(y_1, \ldots, y_{r_1 + \ldots + r_{j_k}-1}), \quad k = 1, \ldots, n. \tag{29}$$

Die $P_l(y)$ sind dabei die Linearkombinationen der Zusatzmonome, deren Koeffizienten ebenfalls aus (29) bestimmt werden müssen. Falls zu einem Exponentenvektor α keine Relation (12) existiert, so erhalten wir für die $t_\alpha^{(k)}$ ein System von derselben Bauart wie (20). Falls eine Relation $\rho_k = \rho_1^{n_1} \ldots \rho_\varkappa^{n_\varkappa}$ besteht, so ist (20) wie folgt zu modifizieren:

$$\begin{aligned}
-C_2^{(1)} t_2^{(k)} - C_3^{(1)} t_3^{(k)} - \ldots &= -\varepsilon_k t_1^{(k-1)} + f_1^{(k)}(t_\mu^{(l)}, -p^{(j)}, D) + D_1^{(k)} \\
-C_3^{(2)} t_3^{(k)} &= -\varepsilon_k t_2^{(k-1)} + f_2^{(k)}(t_\mu^{(l)}, -p^{(j)}, D) + D_2^{(k)} \\
& \tag{30} \\
0 &= -\varepsilon_k t_N^{(k-1)} + f_N^{(k)}(t_\mu^{(l)}, -p^{(j)}, D) + D_N^{(k)}.
\end{aligned}$$

Dabei sind die $D_j^{(k)}$, $j = 1, \ldots, N$ die Koeffizienten der Zusatzmonome in $P_k(y)$, die in derselben Ordnung wie die $t_\alpha^{(k)}$ mit der Eigenschaft (19) angeordnet sind. Die $f_j^{(k)}$ sind wieder Polynome mit positiven Koeffizienten in den $t_\mu^{(l)}$, $|\mu| < |\alpha|$, gewissen negativen Koeffizienten $-p^{(j)}$ der $\mathfrak{P}_k$, und gewissen Koeffizienten von Zusatzmonomen, deren Ordnung kleiner als $|\alpha|$ ist. Wir wollen für spätere Zwecke die Struktur der $f_j^{(k)}(t_\mu^{(l)}, -p^{(j)}, D)$ noch näher angeben (vgl. [7]). Es zeigt sich

$$f_{\alpha_1,\ldots,\alpha_m}^{(k)}(t_\mu^{(l)}, -p^{(j)}, D) = p_{\alpha_1,\ldots,\alpha_m}^{(k)} + g_{\alpha_1,\ldots,\alpha_m}^{(k)}(t_\mu^{(l)}, -p^{(j)}, D), \quad (31)$$

wobei im Polynom $g_{\alpha_1,\ldots\alpha_m}^{(k)}(t_\mu^{(l)}, -p^{(j)}, D)$ $p_{\alpha_1,\ldots\alpha_m}^{(k)}$ der Koeffizient von y^α in $\mathfrak{P}_k(y)$, nicht mehr auftritt. Man erkennt nun aus (30): Falls die $t_j^{(k-1)}$ schon festgelegt sind, kann man die $t_j^{(k)}$ beliebig wählen, wodurch die Koeffizienten $D_j^{(k)}$ bestimmt sind. Für den ersten Index k eines Kästchens sind die $D_j^{(k)}$ aus den schon bekannten Größen bestimmt. Ähnlich wie unter B. wählen wir nun die $\varepsilon_k > 0$, falls $\varepsilon_k \neq 0$, und wählen außerdem gewisse $\beta_k \geq 0$ so, daß gilt:

(i) Existieren zum Eigenwert ρ_{j_k} keine Relationen (12), so sei $\beta_k = 0$ und ε_k so bestimmt, daß

$$0 < |\rho_{j_k}| + \varepsilon_k < 1.$$

(ii) Existieren zum Eigenwert ρ_{j_k} Relationen (12), so wählen wir $\beta_k > 0$ und ε_k so, daß

$$0 < |\rho_k| + \beta_k + \varepsilon_k < 1.$$

Wir können aber in allen Fällen annehmen:

$$0 < |\rho_{j_k}| + \beta_k + \varepsilon_k < 1.$$

Wie unter B. kann man nun, wenn wir wieder abkürzend schreiben

$$\eta_\alpha^{(k)} = \sigma + |\rho_1|^{n_1} \ldots |\rho_\varkappa|^{n_\varkappa}, \quad (21)$$

die ε_k, β_k so klein wählen, daß mit

$$\tau_\alpha := (|\rho_1| + \varepsilon_1 + \beta_1)^{\alpha_1} \ldots (|\rho_\varkappa| + \varepsilon_m + \beta_m)^{\alpha_m}$$

gilt

$$\sigma = \eta_\alpha^{(k)} - |\rho_1|^{n_1} \ldots |\rho_\varkappa|^{n_\varkappa} \geq \eta_\alpha^{(k)} - \tau_\alpha \geq \frac{\sigma}{2}. \quad (32)$$

Wir gehen nun wieder zu majoranten Problemen über. $\mathfrak{P}_k^*$ sei konvergente Majorante von $\mathfrak{P}_k$, mit ord $\mathfrak{P}_k^* \geq 2$. $P_k^*(y)$ sei eine Majorante von $P_k(y)$, u. zw. sei es ebenfalls eine Linearkombination der Zusatzmonome. Außerdem wollen wir, falls zum Eigenwert ρ_{j_k} Relationen (12) existieren, $P_k^*(y) \equiv 0$ wählen, und für alle Zeilen eines Kästchens das gleiche $P_k^*(y)$. Wir setzen dann noch $P_k^{**}(y) = \frac{1}{\beta_k} P_k^*(y)$, und betrachten folgendes Funktionalgleichungssystem für die Potenzreihen

$\mathfrak{S}_k(y_1, \ldots, y_m) = \sum_{|\alpha| \geq 2} s_\alpha^{(k)} y^\alpha:$

$$\sum_{|\alpha| \geq 2} \eta_\alpha^{(k)} s_\alpha^{(k)} y^\alpha = \varepsilon_k \mathfrak{S}_{k-1}(y) + \mathfrak{P}_k^*(y_1 + \mathfrak{S}_1(y), \ldots, y_m + \\ + \mathfrak{S}_m(y), \ldots, \mathfrak{S}_n(y)) + \beta_k P_k^{**}(y) + \\ + \mathfrak{S}_k(|\rho_1| y_1, \varepsilon_1 y_1 + |\rho_1| y_2, \ldots, |\rho_2| y_{r_1+1} + P_{r_1}^{**}(y), \ldots). \quad (33)$$

Nicht für jede Wahl von $\mathfrak{P}_k^*$ wird $\mathfrak{T}_k(y) \wr \mathfrak{S}_k(y)$ gelten, da ja die $t_\nu^{(k)}$ beliebig gewählt werden können, wenn ν Exponentenvektor eines Zusatzmonoms zum Eigenwert ρ_{j_k} ist. Wir vergleichen nun die Bestimmungsgleichungen für die $s_\alpha^{(k)}$ mit (30):

$$\sigma s_1^{(k)} - |C_2^{(1)}| s_2^{(k)} - \ldots = \varepsilon_k s_1^{(k-1)} + f_1^{(k)}(s_\mu^{(l)}, p^{*(j)}, D^*) + D_1^{*(k)}$$

$$\cdot$$
$$\cdot \quad (34)$$
$$\cdot$$

$$\sigma s_N^{(k)} = \varepsilon_k s_N^{(k-1)} + f_N^{(k)}(s_\mu^{(l)}, p^{*(j)}, D^*) + D_N^{*(k)}.$$

Aus (31) folgt nun, daß wir (sukzessive) den Koeffizienten $p^*{}_{\alpha_1, \ldots, \alpha_m}^{(k)}$ von y^α in $\mathfrak{P}_k^*$ so groß machen können, daß $s_j^{(k)} \geq |t_j^{(k)}|$, $j = 1, \ldots, N$. Da nur endlich viele Zusatzmonome auftreten, so muß also $\mathfrak{P}_k^*$ nur an endlich vielen Stellen geändert werden, wodurch die Konvergenz nicht gestört wird, aber $\mathfrak{T}_k(y) \wr \mathfrak{S}_k(y)$ ausfällt. Nun wenden wir wieder gewisse Homomorphismen von $\mathbb{C}[y_1, \ldots, y_m]$ auf Teilringe an. Zunächst, wie unter B. den Homomorphismus h mit $y_k \to h(y_k) = y_l$, wobei l die erste Zeile des Kästchens bezeichnet, zu dem die k-te Zeile gehört. Sodann den Homomorphismus g, für den gilt:

$$y_1 \xrightarrow{g} y_1$$

$$y_{r_1+1} \xrightarrow{g} \begin{cases} P^{**}_{r_1+1}(y_1), & \text{falls Relationen (12) zu } \rho_2 \text{ existieren} \\ y_{r_1+1}, & \text{sonst} \end{cases}$$

$$y_{r_1+\ldots+r_{\varkappa-1}+1} \xrightarrow{g} \begin{cases} P^{**}_{r_1+\ldots+r_{\varkappa-1}+1}, & \text{falls Relationen (12) zu } \rho_\varkappa \text{ existieren} \\ y_{r_1+\ldots+r_{\varkappa-1}+1}, & \text{sonst.} \end{cases}$$

Anwendung von $g \circ h$ auf (33) ergibt:

$$\sum_{|\alpha|\geq 2} \eta_\alpha^{(k)} s_\alpha^{(k)} g \circ h(y^\alpha) = \varepsilon_k(g \circ h) \mathfrak{S}_k(y) + \mathfrak{P}_k^*((g \circ h)(y_1) + \quad (35)$$
$$+ (g \circ h) \mathfrak{S}_1(y), \ldots) + \beta_k (g \circ h) P_k^{**}(y) + \sum_{|\alpha|\geq 2} \tau_\alpha s_\alpha^{(k)} (g \circ h)(y^\alpha),$$
$$k = 1, \ldots, n.$$

Aus (35) sind die Reihen $\sum_\beta \sum_{(g \circ h)(y^\alpha) = y^\beta} s^{(k)} y^\alpha$ eindeutig zu bestimmen.

Wegen (32) ist folgendes ein zu (35) majorantes Problem:

$$\frac{\sigma}{2} \theta_k(y) = \varepsilon_{k-1}(y) + \mathfrak{P}_k^*((g \circ h)(y_1) + \theta_1(y), \ldots) +$$
$$+ (g \circ h) \beta_k P_k^{**}, \quad k = 1, \ldots, n.$$

Daraus ergeben sich die $\theta_k(y)$, mit ord $\theta_k(y) \geq 2$, als konvergente, eindeutig bestimmte Potenzreihen (Satz über die impliziten Funktionen). Wir haben jetzt noch zu zeigen: $\mathfrak{S}_k(y)$ ist konvergent. Es gilt aber

$$(g \circ h) \mathfrak{S}_k(y) = \mathfrak{S}_k((g \circ h)(y)) \, |\theta_k(y).$$

Es seien nun $P_1(y), \ldots, P_m(y)$ die Bilder von $y_1, \ldots, y_m$ unter $g \circ h$, das sind sämtlich Polynome mit positiven Koeffizienten; und es sei $\theta_k(y)$ für ein y^0 mit lauter positiven Koordinaten konvergent. Dann ist $P_1(y^0) > 0, \ldots, P_m(y^0) > 0$ nach Konstruktion, folglich

$\mathfrak{S}_k(y_1, \ldots, y_m)$ konvergent für alle $y = (y_1, \ldots, y_m)$ mit $|y_j| \leq P_j(y^0)$.
W. z. z. w.

§ 4. Anwendung auf das Stabilitätsproblem für analytische Differentialgleichungen

Wir betrachten ein analytisches Differentialgleichungssystem

$$\frac{dx}{dt} = Jx + \mathfrak{P}(x), \tag{36}$$

wobei J in Jordanscher Normalform vorliege. Für die Eigenwerte λ_i gelte

$$-\operatorname{Re}\lambda_m \leq \operatorname{Re}\lambda_{m-1} \leq \ldots \leq \operatorname{Re}\lambda_1 < 0,$$
$$0 < \operatorname{Re}\lambda_i, \quad i = m+1, \ldots, n. \tag{37}$$

Dann folgt (vgl. z. B. [1] oder [7]), daß es eine formale Transformation T auf die Normalform

$$\frac{dy}{dt} = Jy + P(y) + \mathfrak{Q}(y) \tag{38}$$

gibt. (Für ihre Definition verweise ich auf die zitierte Literatur.) Indem ich nun wie in [5], auf das ich für die Einzelheiten verweise, (36) mit den „unbestimmten" Anfangswerten $x^0 = {}^t(x_1^0, \ldots, x_n^0)$ integriere, erhalte ich:

$$x(t) = \sum_{|\nu|>0} \mathfrak{p}_\nu(t)(x^0)^\nu \tag{39}$$

mit $x(0) = x^0$, und in der t-Ebene holomorphen Funktionen $\mathfrak{p}_\nu(t)$. (Ihre Bauart und rekursive Bestimmung ergibt sich genauer aus [5].) Ebenso integriere ich „formal mit den unbestimmten" Anfangswerten $y^0 = T^{-1}x^0$ die Normalform (38):

$$y(t) = \sum_{|\nu|<} \mathfrak{q}_\nu(t)(y^0)^\nu,$$

wobei wieder die $\mathfrak{q}_\nu(t)$ in ganz $\mathbb{C}$ holomorph sind. Es folgt wegen der eindeutigen Bestimmtheit der formalen Integrale durch ihre Anfangswerte:

$$y(t) = T^{-1}x(t),$$

speziell
$$y(1) = T^{-1}x(1),$$

wobei $\quad y(1) = \sum_{|\nu|>0} \mathfrak{q}_\nu(1)(y^0)^\nu, \quad x(1) = \sum_{|\nu|>0} \mathfrak{p}_\nu(1)(x^0)^\nu.$

Nun ergibt eine nähere Überprüfung dieser Reihenentwicklungen:

$$x^0 \to x(1) = \sum_{|\nu|>0} \mathfrak{p}_\nu(1)(x^0)^\nu \tag{39}$$

ist eine Abbildung mit Fixpunkt, für deren Eigenwerte $\rho_i = e^{\lambda_i}$ gilt:

$$0 < |\rho_m| \leqslant \ldots \leqslant |\rho_1| < 1,$$
$$1 < |\rho_i|, \quad i = m+1, \ldots, n.$$

Wir nehmen zunächst an, (39) sei nicht nur für beliebig kleines $|t|$, sondern sogar für $|t| > 1$ konvergent, also insbesondere für $t = 1$.

Dann ist

$$y^0 \to y(1) = \sum \mathfrak{q}_\nu(1)(y^0)^\nu \tag{40}$$

eine Normalform von (39') im Sinne des Satz 2 dieser Arbeit, abgesehen von einer linearen Transformation. Also ist nach Satz 2 T wie auch (40) konvergent. Somit ist in diesem Fall gezeigt, daß die Transformation von (36) auf die Normalform von (38) (im Sinne von [1]) möglich ist. Wir haben noch zu zeigen, wie wir die Konvergenz von (39') erzwingen können. Dies ist durch einen vom Verf. in [6] und [7] angewendeten Kunstgriff möglich. Es sei etwa

$$x(t) = \sum \mathfrak{p}_\nu(t)(x^0)^\nu$$

konvergent für $|t| < \tau$, etwa für $0 < t_0 < \tau$, $t_0 \in \mathbb{R}$.

Indem ich nun die Parametertransformation

$$t \to t^* = \frac{t}{t_0}$$

durchführe, so erhalte ich aus (37)

$$\frac{\mathrm{d}x}{\mathrm{d}t} = t_0 J x + t_0 \mathfrak{P}(x), \tag{41}$$

für die Eigenwerte $t_0 \lambda_i$ von (41) wieder

$$\mathrm{Re}(t_0 \lambda_m) \leqslant \ldots \leqslant \mathrm{Re}(t_0 \lambda_1) < 0$$
$$0 < \mathrm{Re}(t_0 \lambda_i), \quad i = m+1, \ldots, n,$$

aus (38) die Normalform von (41)

$$\frac{dy}{dt^*} = t_0 J y + t_0 P(y) + \mathfrak{Q}(y), \qquad (42)$$

und so geht (42) aus (41) durch dieselbe Transformation T hervor. Folglich genügt es, anstelle von (37), (41) zu betrachten. Dann ist aber

$$x(t^*) = \sum \mathfrak{p}_\nu^*(t^*)(x^0)^\nu = \sum \mathfrak{p}_\nu(t_0 t^*)(x^0)^\nu$$

für $t = 1$ konvergent (wenn $|x^0|$ hinreichend klein gewählt ist).

Bemerkung 1: Aus Satz 1 ergibt sich, daß man einen anziehenden Fixpunkt einer biholomorphen Abbildung auch durch folgende Eigenschaften definieren kann:

1. Alle Eigenwerte ρ_i des Linearteils haben einen Betrag $|\rho_i| \neq 1$.
2. Für jede hinreichend kleine Umgebung $U_\varepsilon : \|x\| < \varepsilon$, des Fixpunktes existiert eine Umgebung $V_{\delta(\varepsilon)} : \|x\| < \delta(\varepsilon)$, $0 < \delta(\varepsilon) < \infty$, so daß für alle $\nu = 1, 2 \ldots F^\nu x$ existiert und $F^\nu x \in V_{\delta(\varepsilon)}$.

Bemerkung 2: Es ist bemerkenswert, daß die im Satz 1 auftretende lokale analytische Varietät V^m auch anders als über die Transformation auf Normalform aus einer Invarianzeigenschaft gegenüber F gewonnen werden kann. Dabei treten die $\mathfrak{Q}_m$ gar nicht mehr auf. Es sei nämlich V^m eine lokale analytische Varietät der Dimension m, die 1. von F in sich abgebildet wird, und für die 2. $x_1, \ldots, x_m$, d. h. die Koordinaten, die zu den Eigenwerten ρ_i mit $|\rho_i| < 1$ in der Darstellung (1') gehören, ein lokales Koordinatensystem bilden. Wir können für diese Varietät V^m folgende Parameterdarstellung angeben:

$$\begin{aligned} x_k &= y_k + \mathfrak{T}_k(y), \quad \text{ord } \mathfrak{T}_k(y) \geqslant 2, \quad k = 1, \ldots, m, \\ x_k &= \mathfrak{T}_k(y), \quad k > m. \end{aligned} \qquad (43)$$

Dabei hat man, um dem linearen Teil von (43) die angegebene Gestalt zu erteilen, eventuell noch eine lineare Transformation des Parameterraumes vorzuschalten. Die Abbildung F, in der Gestalt (1') angenommen, induziert eine biholomorphe Abbildung $\widetilde{F}$ des Parameterraumes in sich:

$$y \to y^{(1)} = Cy + P(y), \quad \text{ord } P(y) \geqslant 2, \qquad (44)$$

C eine nichtsinguläre (n, n)-Matrix, die schon festgelegt ist, während wir für $P(y)$ Polynome ansetzen werden. Es sei T^{-1} die Abbildung eines Punktes auf seinen Parameter y; dann folgt einerseits $x^{(1)} = F \circ T^{-1} y$, andrerseits $x^{(1)} = T^{-1} \circ \widetilde{F} y$.

Damit ergibt sich aus (43) und (44) das Funktionalgleichungssystem (29) für die $\mathfrak{T}_k$ und P_k. \hfill W. z. b. w.

Literatur

[1] Siegel, C. L.: Lectures on the Singularities of the Three Body Problem, ch. III, § 5. Tata Institute of Fundamental Research, Bombay 1967.

[2] Reich, L.: Das Typenproblem bei formal-biholomorphen Abbildungen mit anziehendem Fixpunkt. Math. Ann. **179** (1969) 227—350.

[3] Reich, L.: Normalformen biholomorpher Abbildungen mit anziehendem Fixpunkt. Math. Ann. **180** (1969) 233—255.

[4] Peschl, E.: Über die Bilder von Sternbereichen. Bericht über die Mathematiker-Tagung in Tübingen vom 23. bis 27. 9. 1946, pp. 112—116 (1946).

[5] Reich, L.: Biholomorphe Abbildungen mit Fixpunkt und analytische Differentialgleichungssysteme in der Nähe einer Gleichgewichtslage. Math. Ann. **181** (1969) 163—172.

[6] Reich, L.: Typen analytischer Differentialgleichungssysteme in der Nähe einer Gleichgewichtslage im Falle mehrfacher Eigenwerte des linearen Anteils. Sitzber. Akad. Wiss. Wien, math.-nat. Klasse, Abt. II, **176** (1967) 465—472.

[7] Reich, L.: Zur Majorantenmethode im Normalformenproblem für analytische Differentialgleichungen. Journ. reine angew. Math. **239/240** (1970), 78—87.

GPSR Compliance

The European Union's (EU) General Product Safety Regulation (GPSR) is a set of rules that requires consumer products to be safe and our obligations to ensure this.

If you have any concerns about our products, you can contact us on

ProductSafety@springernature.com

In case Publisher is established outside the EU, the EU authorized representative is:

Springer Nature Customer Service Center GmbH
Europaplatz 3
69115 Heidelberg, Germany

www.ingramcontent.com/pod-product-compliance
Ingram Content Group UK Ltd.
Pitfield, Milton Keynes, MK11 3LW, UK
UKHW022234230426
12048UKWH00017BA/1243